CONSIDÉRATIONS PHYSIQUES ET ASTRONOMIQUES SUR LES ÉTOILES FIXES,

PAR M. l'Abbé BERTRAND.

A DIJON,

Chez L. N. FRANTIN, Imprimeur du Roi.

M. DCC. LXXXVI.

dans un mercure de decembre 1786 on a accusé de plagiat cet ecrit comme tiré de Mr. Bailly et de moi

CONSIDÉRATIONS PHYSIQUES ET ASTRONOMIQUES

SUR

LES ÉTOILES FIXES.

L'HOMME ne saisit que les grands objets, ne mesure que les petites distances; son œil égaré se perd dans l'immensité de l'espace : pour en sonder la profondeur, il lui falloit un nouveau sens, & le télescope le lui a donné.

Le télescope est la plus singuliére & la plus étonnante de toutes les découvertes. Suppoſons que les Savans de toutes les Nations étant aſſemblés dans un même lieu, un d'entr'eux eût élevé la voix en diſant; vous voyez ces aſtres ſilencieux qui roulent avec tant de pompe & de majeſté ſur nos têtes, ces aſtres dont la courſe lumineuſe eſt enchaînée à des loix fixes & invariables; ces aſtres, témoins incorruptibles & de la foibleſſe de l'homme & de la puiſſance de la nature: à ma voix, ils vont deſcendre, ſe rapprocher de vous, & briller à vos yeux d'un nouvel éclat. Un ſemblable diſcours eût frappé l'auditoire d'une profonde & religieuſe admiration; l'Auteur du prodige n'eût plus été un homme, l'Univers tombant à ſes pieds, lui auroit offert & des couronnes & des autels.

Qu'il ſeroit glorieux pour l'eſpèce humaine, d'avoir joui d'un ſi beau triomphe, & de l'avoir mérité! Mais nous ne voyons preſque jamais que ce que le haſard nous montre, & le plus beau génie n'eſt que le premier eſclave de la nature. *Jacques*

Métius regarde à travers deux verres, dont l'un est convexe & l'autre concave; les objets s'agrandissent sous ses yeux, & le télescope est inventé.

Galilée s'empare du nouvel instrument, lui donne une forme plus belle, une destination plus noble, & plein de cet enthousiasme qu'allument les grandes découvertes, il livre le globe de la terre à ses tristes habitans, & ne médite rien moins que la conquête du ciel. Déjà son télescope est dirigé vers les étoiles fixes. Mais quel est l'étonnement du Philosophe, en voyant ces astres conserver l'humble apparence qu'ils offrent à la vue simple! L'instrument qui donne aux insectes de la terre une masse énorme, un volume imposant, ne présente les étoiles que comme des atomes lumineux. Les plus brillantes, dépouillées d'une splendeur étrangère, se confondent parmi les plus foibles; les rangs s'effacent, les titres disparoissent, les distinctions s'anéantissent, tout retrace dans le ciel l'image de cette égalité qui n'a pu subsister sur la terre.

Mais quelle ſcène magnifique ſe développe ſous les yeux de *Galilée !* L'eſpace s'enfuit, l'immenſité diſparoît, les déſerts du ciel ſe peuplent d'étoiles inconnues, des mondes nouveaux s'élèvent au-deſſus des anciens. *Galilée* en fait la conquête au nom de l'eſprit humain, conquête délicieuſe & pure, qui ne coûte ni larmes ni ſoupirs, & qui borne la gloire du vainqueur à jouir de la préſence du vaincu.

Telles ſont les merveilles que le téleſcope a dévoilées aux hommes. Je ne me propoſe point ici de décrire toutes les découvertes qu'il a produites, toutes les révolutions qu'il a opérées ; cette tâche difficile & pénible exigeroit un temps qui n'eſt pas en mon pouvoir, une attention que je ne dois pas eſpérer. Je me bornerai donc à diſcuter les faits les plus curieux & les plus piquans de la théorie des étoiles fixes : la nature de ces aſtres brillans, leur volume, leur ſcintillation, leur apparition & leur diſparition, la lumiere douce & tendre de la voie lactée, l'éclat ſombre &

tranquille des nébuleuſes, voilà les grands objets ſur leſquels je jetterai tout à la fois & les lumières du calcul & celles de l'obſervation.

La comparaiſon eſt la voie de toutes nos connoiſſances & l'inſtrument de toutes nos découvertes. Nous ne pouvons donc prononcer ſur la nature des étoiles fixes, qu'après avoir analyſé les caractères qui les rapprochent ou les diſtinguent des autres corps céleſtes.

Les planètes nous préſentent un diſque blanchi par une lumière foible & timide, & les étoiles jettent un éclat flamboyant qui repouſſe les regards. Comparons la plus brillante des étoiles, avec la plus obſcure des planètes, &, pour ne rien accorder à l'imagination, ſuppoſons que *Sirius* eſt vingt mille fois ſeulement plus loin du ſoleil que *Saturne*. Les illuſions de l'enfance, les erreurs même de l'âge mûr nous ont appris que la lumière s'affoiblit par l'éloignement, & s'éteint à une grande distance ; ainsi les comètes, qui offrent à la terre les scènes les plus riches & les plus magnifiques, s'effacent & disparoissent dans la partie supérieure de leur orbite. La lumière que *Sirius* recevroit du soleil, affoiblie dans la raison du quarré des distances, seroit quatre cents millions de fois moins vive que celle de *Saturne*; elle seroit donc absolument insensible. *Sirius*, dont le lever annonçoit le débordement d'un grand fleuve & la submersion d'un vaste Empire ; *Sirius*, que tant d'Hiéroglyphes ont représenté, que tant d'emblêmes ont figuré, que tant de monumens ont illustré, *Sirius* n'auroit jamais existé pour l'homme! Non, cet astre brillant & radieux ne jouit point d'une lumière précaire & étrangère : égal au soleil par la naissance, il est peut-être son maître par la grandeur.

Mais quelle main assez hardie osera tracer les dimensions de ces globes enflammés, que la distance réduit à des points lumineux ? L'homme rapporte tout à lui-même ; tout disparoît devant la petite planète qu'il habite ; elle est le dernier effort de la nature, & le chef-d'œuvre de sa puissance. Essayons de dissiper ces illusions grossières de l'amour-propre, en substituant à la détermination rigoureuse du volume des étoiles une approximation satisfaisante.

La distance prodigieuse qui sépare les étoiles de la terre, épuise tous nos moyens, fatigue toutes nos recherches ; mais le calcul, auquel rien ne résiste, estime la hauteur à laquelle l'astre brillant du jour se déroberoit à nos regards. Si donc les étoiles, rivales du soleil en éclat, ne lui étoient supérieures en grandeur, elles nous seroient totalement inconnues, & la voûte céleste, où l'Être suprême déploie tant de pompe & de magnificence, ne seroit plus pour nous que l'asyle du néant & le tombeau de la nature. Le soleil a donc aussi des maîtres ; il est le Roi du Monde, mais il n'est pas le Roi de l'Univers.

Le tremblement apparent des étoiles est

le phénomène que les Aſtronomes ont appellé ſcintillation. Cet effet, purement phyſique, n'eſt point dû à la vivacité de la lumière & à la ſenſibilité de l'organe de la vue ; car la lumière de *Vénus* & de *Jupiter* a plus d'énergie que celle des étoiles, & cependant la ſcintillation eſt foible dans *Vénus*, & dans *Jupiter*, elle eſt abſolument nulle.

Quelle eſt donc la cauſe, toujours ſubſiſtante, qui produit dans les aſtres brillans de la nuit, une eſpèce de timidité que la curioſité fatigue, une ſorte de ſenſibilité que les regards outragent ? Nous la trouverons, cette cauſe, dans l'extrême petiteſſe du diamètre apparent des étoiles & dans l'agitation perpétuelle des vapeurs qui ſouillent notre athmoſphère. Un atome intercepte la lumière d'une étoile, l'atome s'enfuit, & l'étoile reparoît. L'œil ne peut diſtinguer cette ſucceſſion rapide, ces alternatives momentanées d'apparitions & de diſparitions ; & l'illuſion de la vue paſſant dans l'étoile, nous y remarquons un mouvement de trépidation qui ſemble ſe jouer de notre conſtance & de nos efforts. L'obſervation a donné à cette conjecture un aſcendant qui l'a fait triompher de toutes les objections & de toutes les difficultés.

Un Aſtronome Voyageur, M. *Le Gentil*, nous aſſure qu'à Pondichéry, dans les deux premiers mois de l'année, où l'air jouit de la plus grande pureté, la ſcintillation des étoiles eſt peu ſenſible.

M. *de la Condamine*, à qui rien n'échappoit de ce qui pouvoit contribuer aux progrès des Sciences, obſerve que dans les plaines du Pérou, ſituées le long de la côte où il ne pleut jamais, les étoiles n'offrent qu'une légère apparence de ſcintillation.

La partie de l'Arabie, qui borde le Golfe Perſique, eſt un vaſte déſert dont le ſoleil s'eſt emparé. La terre de ces contrées arides n'eſt qu'un ſable pulvérulent, qu'une cendre inféconde. Jamais les nuages n'y obſcurciſſent l'image brûlante du ſoleil ; jamais les pluies n'y tempèrent les feux de l'athmoſphère. Les étoiles ſeules donnent à ce climat ſauvage un air gracieux, une face riante ; leur lumière pure & tranquille, dit M. *Garcin*, forme dans le ciel un ſpectacle inconnu, dont rien n'altère la beauté, rien n'affoiblit l'éclat.

La ſcintillation de *Mercure* vient à l'appui des faits & confirme la théorie. On ſait que cette planète ne ſe montre jamais à nos yeux que près de l'horizon, qui eſt la région des vapeurs, & que par la petiteſſe de ſon diamètre apparent, elle ſe rapproche infiniment des étoiles.

De tous les phénomènes que le ciel offre à la terre, le plus étonnant eſt l'apparition & la diſparition des étoiles. Ces aſtres, témoins antiques des nombreuſes révolutions de notre globe, ces aſtres, que la diſtance & la grandeur ſemblent défendre contre les coups du temps & les outrages du ſort, les étoiles s'éteignent comme nous, mais hélas ! nous ne renaiſſons pas comme elles.

L'homme, foible & curieux, eſt naturellement crédule. Tout ce qui a l'apparence du merveilleux, eſt sûr de l'intéreſſer, & les prodiges, qui étonnent ſa raiſon, prennent la place des fables qui amusèrent ſon enfance. L'hiſtoire de l'Aſtronomie eſt pleine d'apparitions & de diſparitions d'étoiles; mais le Philoſophe ne ſe laiſſe éblouir ni par le nombre ni par la dignité de témoins; il repouſſe les autorités & diſcute les faits. Ceux que nous allons préſenter ont été conſtatés par une longue obſervation.

Vers la fin de l'année 1572, *Tycho* découvrit une nouvelle étoile dans la conſtellation de *Caſſiopée*. Sa lumière, vive & ſcintillante, effaçoit en éclat *Jupiter* & *Vénus*; on pouvoit même la diſtinguer de jour à la vue ſimple : elle brilla pendant quatorze mois entiers, puis diminua inſenſiblement de grandeur & diſparut.

En 1596, *David Fabricius* en apperçut une ſeconde dans le col de la *Baleine*. Cet aſtre nous préſente les ſingularités les plus bizarres : tantôt il égale en clarté les étoiles de la ſeconde grandeur, tantôt il s'abaiſſe juſqu'à la troiſième ; tantôt il brille pendant quatre mois, tantôt pendant trois ſeulement. Mais la période qui ramène ſes inconſtances & ſes caprices, eſt bien connue ; elle eſt de 334 jours.

Kepler obſervant, en 1604, les débris d'une conjonction de *Mars* & de *Jupiter*, fut bien étonné de voir trois aſtres où il n'en avoit d'abord apperçu que deux. Le troiſième étoit une étoile qui s'alluma tout-à-coup ſous les pieds d'*Ophiucus*. Elle jettoit un éclat ſemblable à celui de *Jupiter*, & ſcintilloit comme les autres étoiles. Mais ſa gloire ne fut pas de longue durée ; dans le court intervalle d'une année, on la vit naître, vieillir & diſparoître.

La conſtellation du *Cygne* eſt le théâtre de l'inconſtance ; on y a vu naître pluſieurs étoiles, qui ont enſuite diſparu. Mais dans le nombre de ces étoiles ſingulières, il en eſt une que M^{rs}. *Caſſini* & *Maraldi* ont ſuivie avec la plus grande aſſiduité & le plus grand ſuccès. Les obſervations de ces deux célèbres Aſtronomes ont fixé à 405 jours la période de ſon abſence & de ſon retour.

La belle étoile de la tête de *Méduſe* rend le ſpectacle plus frappant, en le renouvellant ſous nos yeux. *Montanari* avoit ſoupçonné des variations dans la lumière de cette étoile; M. *Goodricke* a conſtaté le phénomène, & a fait voir qu'il étoit régulier. Dans l'intervalle de quelques heures, on voit *Algol* deſcendre, par des nuances inſenſibles, de la ſeconde à la quatrième grandeur, puis reprendre ſon premier éclat & briller de ſon ancienne ſplendeur.

Quelle eſt la puiſſance inconnue qui, dans le vuide de l'eſpace & le ſilence de la nature, allume & éteint ces êtres brilſans que nos pères croyoient immortels ? Les Philoſophes anciens ſe ſont fatigués à la chercher ; un moderne plus hardi ou plus ſage a oſé la deviner.

Les étoiles ſont des ſoleils abſolument ſemblables au nôtre : quelques-unes peuvent donc avoir reçu, comme lui, des mains de la nature, un mouvement de rotation ſur leur centre ; & rien ne s'oppoſe à ce que ce mouvement ait été aſſez rapide, pour qu'il en ait réſulté dans leur figure un applatiſſement conſidérable vers les Pôles.

Imaginons donc, avec M. *de Maupertuis*, qu'une ou pluſieurs groſſes planètes circulent autour de ces ſoleils applatis, dans des orbites fort excentriques. La force attractive de ces planètes, dans leur périhélie, peut être aſſez puiſſante pour changer la poſition de leur ſoleil à notre égard. Une étoile qui nous préſentoit ſon diſque lumineux, ne nous expoſera plus que ſon épaiſſeur, ſon tranchant, & elle disparoîtra ; une autre présentant son disque au lieu de son épaisseur, brillera tout à coup à nos yeux ; & comme ces alternatives de lumière & d'obscurité sont produites par des corps dont la révolution est invariable, elles seront nécessairement périodiques. L'étoile de *Cassiopée*, qui a disparu sans retour, sera troublée par une planète à longue révolution ; celle du *Cygne* éprouvera l'influence d'une planète dont la révolution sera très-courte ; *Algol* ne cédera que foiblement à l'attraction d'une petite planète ; & les étoiles, dont la période est capricieuse & les variations inégales, seront le centre du mouvement de plusieurs planètes, qui, par la combinaison de leurs révolutions, produiront, dans la même étoile, les changemens les plus bizarres, les apparences les plus singulières.

L'hypothèse ingénieuse, que nous venons de développer, n'est point à l'abri de toute difficulté ; mais dans une matière où l'observation est muette & le calcul ſtérile, c'eſt beaucoup pour l'homme d'aſſujettir à l'ordre de ſes penſées les anomalies & les caprices de la nature.

L'œil, encore fatigué de la lumière du jour, ſe repoſe avec complaiſance ſur cette zone brillante que la nature a deſſinée dans le ciel, avec une hardieſſe & une magnificence qui frappent les hommes les plus froids & les plus inſenſibles.

Démocrite, guidé par le ſeul inſtinct du génie, ne vit dans la vaſte étendue de la voie lactée qu'un amas confus de petites étoiles, dont la lumière ſe confondoit, pour ne former qu'une apparence blanchâtre.

Galilée découvrit pluſieurs des étoiles que *Démocrite* n'avoit fait que ſoupçonner, & renouvellant l'opinion du Philoſophe Grec, il lui donna un caractère de vraiſemblance qui ſéduiſit tous les eſprits. Mais la vraiſemblance n'eſt rien pour un Aſtronome, il ne ſe rend qu'à la vérité.

rité. Les étoiles, que le téleſcope crée, pour ainſi dire, dans les déſerts de la voie lactée, ne paroiſſoient ni aſſez nombreuſes, ni aſſez rapprochées pour donner naiſſance au phénomène brillant qu'on leur attribuoit : les obſervations multiplioient les difficultés, au lieu de les réſoudre, & l'idée ſimple & heureuſe du Philoſophe d'Abdère alloit être abandonnée, lorſqu'un nouveau *Galilée* l'a inſcrite dans le catalogue des faits de la nature.

Herſchel, dont le nom ſera, pour nos deſcendans, l'époque la plus brillante & la plus glorieuſe de l'Aſtronomie, *Herſchel*, armé d'un téleſcope inconnu, n'a vu dans la voie lactée que des étoiles preſſées les unes ſur les autres, que des mondes ſans nombre, ſemés dans des eſpaces ſans bornes. La puiſſance de l'homme eſt bornée à un petit nombre de productions éphémères ; mais la nature eſt toujours agiſſante & féconde, & elle ſeroit moins grande, ſi l'on pouvoit compter ſes ouvrages.

L'obſervation découvre encore dans le ciel des maſſes irrégulières & blanchâtres qui paroiſſent être des débris de la voie lactée. On leur a donné le nom de Nébuleuſes, parce que l'obſcurité de leur éclat les rapproche des nuages blanchis par la lumière du jour.

Ces corps ſolitaires ont été jetés dans les eſpaces céleſtes avec une profuſion étonnante. Les Aſtronomes françois en ont découvert un nombre conſidérable, dont ils ont conſigné les poſitions dans ces Mémoires immortels qui repréſenteront aux yeux de la poſtérité les archives de la nature & les regiſtres du ciel.

Herſchel voyant que ſon téleſcope décompoſoit les Nébuleuſes en une multitude innombrable de petites étoiles, en a conclu qu'elles étoient dues à la même cauſe que la voie lactée. Mais ce qui l'a ſingulièrement étonné, c'eſt que la plupart des étoiles qui forment nos Nébuleuſes, ſont diſpoſées elles-mêmes ſur un fond nébuleux que l'imagination ſeule peut décompoſer.

Telles ſont les découvertes qui de nos jours ont fondé la phyſique des étoiles. Qu'elles ſont grandes & ſublimes ces découvertes ! Quel reſſort elles donnent à la penſée ! quel caractère elles impriment à la réflexion ! Combien ſur-tout elles honorent l'idée de l'Être ſuprême, dont la main toute-puiſſante ſe joue dans l'immenſité de l'eſpace, & sème les mondes comme la pouſſière !

FIN.

Permis d'imprimer. A Dijon, le 23 Août 1786.
Signé, *MORELET.*

www.ingramcontent.com/pod-product-compliance
Ingram Content Group UK Ltd.
Pitfield, Milton Keynes, MK11 3LW, UK
UKHW020455220726
13923UKWH00006B/2550

9 782019 951405